建设领域农民工
安全生产生活读本

（绘图本）

建设部政策法规司　编
吴欣然　漫画

中国建筑工业出版社

图书在版编目(CIP)数据

建设领域农民工安全生产生活读本(绘图本)/建设部政策法规司编,吴欣然漫画. —北京:中国建筑工业出版社,2005
ISBN 978-7-112-07446-4

Ⅰ.建… Ⅱ.①建…②吴… Ⅲ.建筑工程—安全生产—中国—学习参考资料 Ⅳ.TU714

中国版本图书馆 CIP 数据核字(2005)第 053973 号

建设领域农民工安全生产生活读本
(绘图本)
建设部政策法规司 编
吴欣然 漫画

*

中国建筑工业出版社出版、发行(北京西郊百万庄)
各地新华书店、建筑书店经销
北京同文印刷有限责任公司印刷

*

开本:787×1092 毫米 1/40 印张:3⅜ 字数:116 千字
2005 年 6 月第一版 2013 年 12 月第五次印刷
定价:**8.00** 元
ISBN 978-7-112-07446-4
(13400)
版权所有 翻印必究
如有印装质量问题,可寄本社退换
(邮政编码 100037)

本书向农民工普及了农民工与用人单位间的劳资关系、建设领域安全生产知识、城市安全生活知识、城市生活常识以及文明礼仪常识,一方面保证他们能够在工地安全生产与生活,另一方面也能使他们更快地融入自己参与建设的城市。同时,书中还会涉及到农民工在城市里的一些基本文明礼仪准则,用幽默的漫画形式教育他们做文明的好公民。

本书分为劳资关系、安全生产、施工工地机具操作、伤害急救、城市生活和文明礼仪几个部分,采用写实与漫画相结合的手法,诙谐幽默,可读性强,是工人工作之余寓教于乐的好读物。

责任编辑:赵梦梅　马　彦
责任设计:孙　梅
责任校对:王雪竹　刘　梅

目 录

第一部分　劳资关系 …………………………………… 1

第二部分　安全生产 …………………………………… 23

第三部分　施工工地机具操作 ………………………… 57

第四部分　伤害急救 …………………………………… 73

第五部分　城市生活 …………………………………… 93

第六部分　文明礼仪 …………………………………… 123

第一部分

劳资关系

签订劳动合同

劳动合同是民工的"护身符"。没有劳动合同,一旦农民工自身的合法权益受到侵害,将给自身维权带来诸多不便。外出打工,一定要及时和用人单位签订劳动合同。

试用期

试用期是用人单位和进城务工人员为相互了解、选择而约定的一定期限的考察期。为了保护劳动者的利益,《劳动法》第二十一条规定:"劳动合同可以约定试用期。试用期最长不超过六个月。"规定试用期超过六个月就是明显的违法。

劳动合同期限在6个月以下的,试用期不得超过15日;劳动合同期限在6个月以上1年以下的,试用期不得超过30日;劳动合同期限在1年以上2年以下的,试用期不得超过60日。试用期包括在劳动合同期限中。非全日制劳动合同,不得约定试用期。

未成年人就业

国务院《禁止使用童工规定》规定,国家机关、社会团体、企业事业单位、民办非企业单位或者个体工商户等各种用人单位均不得招用不满16周岁的未成年人。所以不满16周岁的未成年人,不要盲目出门打工。

完整的劳动合同

用人单位和农民工之间的劳动合同应当具备以下必备条款:(1)劳动合同期限;(2)工作内容;(3)劳动保护和劳动条件;(4)劳动报酬;(5)劳动纪律;(6)劳动合同终止的条件;(7)违反劳动合同的责任。

根据有关法律法规规定,用人单位与进城务工人员订立劳动合同时,应当将工作过程中可能产生的职业病(包括职业中毒)危害及其后果、防护措施和待遇等如实告知劳动者,并在劳动合同中写明,不得隐瞒或者欺骗。

四类劳动合同不要签

一是"单方合同"——用人单位在合同中处处是"由甲方决定"、"按照甲方的相关规定执行"等条款,无视乙方即农民工应享受的权益。

二是"押金合同"——用人单位在招工时以种种名目向进城务工人员收取风险基金、保证金、抵押金等,如果合同期内进城务工人员离职,这笔钱肯定要不回来。遇到这种情况,进城务工人员可向劳动监察部门举报用人单位。

三是"性命合同"——一些提供带有风险工作的用人单位为了逃避责任,不按劳动法有关规定提供劳动保护,并提出"工伤自己负责"等条款。进城务工人员如果签下这类协议,无疑是拿自己的生命当儿戏。

四是"包身合同"——很多用人单位在劳动合同中明确提出,3年内不得跳槽到同行业的单位工作。据法律规定,除非用人单位给予补偿,否则进城务工人员不受这类合同的制约。

单方合同不能签。

身份证和钱不能抵押。

签订劳动合同时要注意,不要交押金,不要交身份证。如果需要,可以交身份证复印件。

获得工资的法定权利

《劳动法》中的"工资"是指用人单位依据国家有关规定或劳动合同的约定,以货币形式直接支付给本单位劳动者的劳动报酬,一般包括计时工资、计件工资、奖金、津贴和补贴、延长工作时间的工资报酬以及特殊情况下支付的工资等。

《劳动法》对用人单位支付工资的行为作出了具体规定:(1)工资应当以人民币形式支付,不得以实物及有价证券替代;(2)用人单位应将工资支付给劳动者本人,本人因故不能领取工资时,可由其亲属或委托他人代领;(3)用人单位可直接支付工资,也可委托银行代发工资;(4)工资必须在用人单位与劳动者约定的日期支付。工资至少每月支付一次;(5)用人单位必须书面记录支付劳动者工资的数额、时间、领取者的姓名以及签字,并保存两年以上备查。而且,用人单位应在支付工资时向进城务工人员提供一份工资清单。

多好,从银行领工资。

最低工资

根据《劳动法》、劳动保障部《最低工资规定》等规定,在劳动者提供正常劳动的情况下,用人单位应支付给劳动者的工资在剔除下列各项以后,不得低于当地最低工资标准:(1)延长工作时间工资;(2)中班、夜班、高温、低温、井下、有毒有害等特殊工作环境、条件下的津贴;(3)法律、法规和国家规定的劳动者福利待遇等。这条规定自然也适用于进城务工的农民工。

农民工到达就业地后,要及时了解当地的最低工资标准,以确认自己的工资水平是不是低于这一标准。例如,北京市目前的最低月工资标准为545元,最低小时工资标准为3.26元;广东省企业职工最低工资的月标准有七个类别,分别为684元、574元、494元、446元、410元、337元、352元;上海市的最低工资月标准是570元。

最低工资不包括加班加点工资。

加班给加倍的工资。

加班费

支付加班加点工资的标准是:(1)安排劳动者延长工作时间的(即正常工作日加班),支付不低于劳动者本人小时工资标准的 150% 的工资报酬;(2)休息日(即星期六、星期日或其他休息日)安排劳动者工作又不能安排补休的,支付不低于本人日工资标准的 200% 的工资报酬;(3)法定休假日(即元旦、春节、国际劳动节、国庆节以及其他法定节假日)安排劳动者工作的,支付不低于本人日工资标准的 300% 的工资报酬。

克扣、拖欠工资

《劳动法》规定,用人单位不得克扣、无故拖欠进城务工人员工资。克扣、无故拖欠进城务工人员工资的,由劳动保障行政部门责令支付进城务工人员的工资报酬,并加发相当于工资报酬 25% 的经济补偿金。用人单位还应支付进城务工人员相当于其工资报酬、经济补偿总和 1～5 倍的赔偿金。

四类保险(一)

农民工在就业单位应当享受的社会保险待遇有工伤保险、医疗保险、养老保险和失业保险。为农民工办理这四项保险是用人单位不可推卸的责任。

工伤保险

工伤保险是指劳动者因工作原因遭受意外伤害或患职业病而造成死亡、暂时或永久丧失劳动能力时,劳动者及其家属能够从国家、社会得到必要的物质补偿的一种社会保险制度。进城务工人员也有权利参加工伤保险。<u>建筑企业必须为从事危险作业的职工办理意外伤害保险,支付保险费。</u><u>建筑企业从事危险作业的工作包括高处作业、带电作业、有毒作业等。</u>

医疗保险

进城务工人员的医疗保险,国家目前还没有明确的规定。国务院办公厅在《做好农民进城务工就业管理和服务工作》的通知中指出:"有条件的地方可探索农民工参加医疗保险等具体办法,帮助他们解决就业期间的医疗等特殊困难。"根据农村进城务工人员的特点和医疗需求,合理确定缴费率和保障方式,解决他们在务工期间的大病医疗保障问题,用人单位要按规定为其缴纳医疗保险费。

四类保险(二)

养老保险

按照国务院《社会保险费征缴暂行条例》等有关规定,基本养老保险覆盖范围内的用人单位的所有职工,包括进城务工人员,都应该参加养老保险,履行缴费义务。参加养老保险的农民合同制职工,在与企业终止或解除劳动关系后,由社会保险经办机构保留其养老保险关系,保管其个人账户并计息,凡重新就业的,应接续或转移养老保险关系;也可根据农民合同制职工本人申请,将其个人账户个人缴费部分一次性支付给本人,同时终止养老保险关系。

失业保险

按照国家规定,城镇企业事业单位招用的农民合同制工人要与本单位城镇户籍职工一样参加失业保险,区别在于缴费不同。按照规定城镇企业事业单位要按本单位工资总额的2%按月缴纳失业保险费,城镇企业事业单位中的城

镇户籍职工按照本人月工资收入的1%缴纳失业保险费,但是农民合同制工人个人则不缴纳失业保险费。

用人单位招用的农民合同制工人连续工作满1年,本单位并已缴纳失业保险费,劳动合同期满未续订或者提前解除劳动合同的,可以享受一次性生活补助。也就是说,农民合同制工人失业后领取的是一次性生活补助而不是失业保险金。

劳动争议程序

进城务工人员与用人单位发生劳动争议后,可选择的解决程序:

根据《劳动法》和《中华人民共和国企业劳动争议处理条例》的规定,进城务工人员与用人单位发生劳动争议后,可按照以下几个程序解决:(1)双方自行协商解决。当事人在自愿的基础上进行协商,达成协议;(2)调解程序。不愿双方自行协商或达不成协议的,双方可自愿申请企业调解委员会调解,对调解达成的协议自觉履行。调解不成的可申请仲裁。当事人也可直接申请仲裁;(3)仲裁程序。当事人一方或双方都可以向仲裁委员会申请仲裁。仲裁庭应当先行调解,调解不成的,作出裁决。一方当事人不履行生效的仲裁调解书或裁决书的,另一方当事人可以申请人民法院强制执行;(4)法院审判程序。当事人对仲裁裁决不服的,可以自收到仲裁裁决书之日起15日内将对方当事人作为被告向人民法院提起诉讼。

不要如此讨薪

1. 某农民工为讨薪爬上近50米高的吊车架顶端准备往下跳。警察在经过1个多小时的耐心劝说后,终于把他救了下来。

2. 某农民工为讨薪,本想用汽油威胁用人单位,没料到用以威胁的汽油桶漏油,最终酿成一死三伤的重大事故,因而被指控犯有失火罪,为此他将面临牢狱之灾。

3. 某农民工向工头讨要被拖欠的工钱,结果讨要未果,将工头砍成重伤。

4. 讨薪不成,将工地上的工料或者机具据为己有。

建筑行业农民工讨薪

如果包工头不能支付工资,可以向工程发包商讨要。最高人民法院近日出台的一个司法解释明确,参与完成工程建设的进城务工人员,如果没有按时拿到工资,可以直接起诉这项工程的发包人。法院也可以同时把工程的分包人列为被告。

讨薪需要收集的证据

到劳动监察部门或"清欠办"投诉时,最好有书面材料,并能提供在该单位打工和拖欠工资的证据。这些证据包括合同、出入证、临时工作证、考勤表、工资单、欠条等,而工作期间的工作服、工作装备、员工合影等也都能起到证据的作用。

减免诉讼费

如果农民工到法院打官司追讨工资支付不起诉讼费用,可以申请减免或缓交诉讼费用。但是申请减免或缓交诉讼费用必须事先向法院提交申请,并附加相关证据材料(证明是进城务工人员即可)。

工伤

《工伤保险条例》规定,职工有下列情形之一的,应当认定为工伤:

(1)在工作时间和工作场所内,因工作原因受到事故伤害的;

(2)工作时间前后在工作场所内,从事与工作有关的预备性或者收尾性工作受到事故伤害的;

(3)在工作时间和工作场所内,因履行工作职责受到暴力等意外伤害的;

(4)患职业病的;

(5)因工外出期间,由于工作原因受到伤害或者发生事故下落不明的;

(6)在上下班途中,受到机动车事故伤害的;

(7)法律、行政法规规定应当认定为工伤的其他情形。

工伤认定和劳动能力鉴定

《工伤保险条例》规定,职工发生事故伤害或者按照职业病防治法规定被诊断、鉴定为职业病,所在单位应当自事故伤害发生之日或者被诊断、鉴定为职业病之日起 30 日内,向统筹地区劳动保障行政部门提出工伤认定申请。遇有特殊情况,经报劳动保障行政部门同意,申请时限可以适当延长。用人单位未在规定的时限内提交工伤认定申请,在此期间发生符合本条例规定的工伤待遇等有关费用由该用人单位负担。

用人单位未按前款规定提出工伤认定申请的,工伤职工或者其直系亲属、工会组织在事故伤害发生之日或者被诊断、鉴定为职业病之日起 1 年内,可以直接向用人单位所在地统筹地区劳动保障行政部门提出工伤认定申请。

遭遇工伤后的待遇

2. 遭遇工伤的进城务工人员在停工留薪期内的,用人单位不得减少其工资福利待遇。

停工留薪期是指职工因工负伤、患职业病需要接受工伤医疗而暂停工作,由用人单位继续发给原工资福利待遇的一段期间。在停工留薪期内,原工资福利待遇不变,由所在单位按月支付。

1.《工伤保险条例》规定,职工因工作遭受事故伤害或者患职业病进行治疗,享受工伤医疗待遇。职工住院治疗工伤的,由所在单位按照本单位因公出差伙食补助标准的70%发给住院伙食补助费;经医疗机构出具证明,报经办机构同意,工伤职工到统筹地区以外就医的,所需交通、食宿费用由所在单位按照本单位职工因公出差标准报销。

3. 经过劳动能力鉴定委员会确认,因为工伤而需要生活护理的进城务工人员,可以依法享受生活护理费。

生活护理费是指工伤职工经伤残评定并经劳动能力鉴定委员会确认需要生活护理的,由工伤保险经办机构从工伤保险基金中按月支付生活护理补助的费用。

4. 进城务工人员因工致残被鉴定为一级至四级伤残的,可以选长期待遇的支付方式。进城务工人员因工致残被鉴定为五级、六级伤残的,用人单位不得主动提出与其解除或终止劳动关系。

工伤定级后的各级待遇

一次性伤残补助金

① 享受条件

因工受伤或确诊为职业病,经劳动鉴定委员会鉴定为一级至十级的工伤职工,发给一次性伤残补助金;工伤人员旧伤复发的以及因公、因战致残的军人复员转业到企业工作后旧伤复发的,不发给一次性伤残补助金。

② 待遇标准

一次性伤残补助金的标准相当于本人受伤前十二个月的平均月缴费工资标准的 6 至 24 个月的工资总和。一级 24 个月,二级 22 个月,三级 20 个月,四级 18 个月,五级 16 个月,六级 14 个月,七级 12 个月,八级 10 个月,九级 8 个月,十级 6 个月。

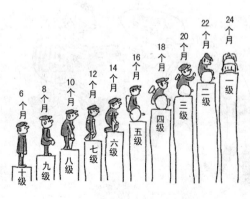

伤残津贴

① 享受条件

工伤职工被鉴定为一级至四级的,应当退出生产、工作岗位,按月领取伤残津贴。

② 待遇标准

伤残津贴的标准为本人受伤前12个月平均月缴费工资的90%～75%。一级90%,二级85%,三级80%,四级75%。本人受伤前12个月平均月缴费工资高于本市上年度职工月平均工资300%以上的,以本市上年度职工月平均工资的300%作为伤残抚恤金的计发基数;

工伤职工受伤前12个月平均月缴费工资低于本市上年度职工平均工资60%的,以本市上年度职工月平均工资的60%作为伤残津贴的计发基数。

本市上年度职工月平均工资300%以上作为伤残抚恤金的计发基数

事实劳动关系与工伤待遇

未与单位签订劳动合同的农民工,如果与单位存在着事实劳动关系,而又在工作中发生工伤事故,则用工单位亦应负担工人受工伤后的工伤待遇。

郑某未与工作单位签订劳动合同,却在上班途中遭遇车祸造成伤残。经劳动和社会保障部门认定,郑某与单位存在事实劳动关系,而且是在上班途中受伤,应被认定为工伤。所在单位应支付郑某一次性伤残补助金,补发生活护理费和伤残津贴。

第二部分

安 全 生 产

工人上岗前的准备

签订劳动合同——新工人上岗前必须签订劳动合同,以明确企业和工人双方的权利和义务。

购买工伤保险——企业职工有享受工伤保险待遇的权利。

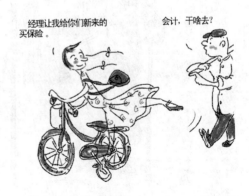

企业的安全教育义务

企业必须在在劳动者上岗前对其进行劳动安全卫生教育,以防止劳动过程中发生事故,减少职业危害。未进行岗前安全教育发生事故的,企业要承担赔偿责任。

建筑施工企业对新进施工现场的工人上岗前都要进行三级安全教育(公司、项目、班组),变换工种时也要进行安全教育,以使工人掌握"不伤害自己,不伤害别人、不被别人伤害"的能力。

记住劳动安全教育内容,防止事故发生。

不伤害自己,
不伤害别人、
不被别人伤害。

进行三级教育——上岗前必须进行公司、工程项目部和作业班组三级安全教育。

安全教育应使劳动者了解将进行作业的环节和危险程度,熟悉操作规程,检查劳动保护用品是否完好并会正确使用。

"三不伤害"原则

"三不伤害"是指不伤害自己,不伤害别人,不被别人伤害。

自己不违章,只能保证不伤害自己,不伤害别人。要做到不被别人伤害,还要及时制止他人违章。制止他人违章既保护了自己,也保护了别人。

安全生产的权利(一)

工人上岗时有对有关安全生产的知情权。

工人还有有对安全生产工作提出批评、建议的权利。

工人上岗时有对违章指挥的拒绝权。

安全生产的权利(二)

在发生险情和不可预知的紧急情况下,工人有采取紧急避险措施的权利,以最大限度保护自己的生命安全。

快!快!

在发生生产安全事故后,有获得及时抢救和医疗救治并获得工伤保险赔偿的权利。

坚决拒绝"三违"! 刘根儿,上岗前再重复一遍。

工人在上岗时,要坚决拒绝"三违"——违章指挥、违章作业、违反劳动纪律。

安全生产的义务(一)

在作业过程中必须遵守安全生产规章制度和操作规程,服从管理,不得违章作业。

接受安全生产教育和培训,掌握本职工作所需要的安全生产知识。

安全生产义务(二)

正确使用和佩戴劳动防护用品。

发现事故隐患应当及时向本单位安全管理人员或主要负责人报告。

安全"三宝"

安全帽、安全带、安全网

"四口"防护

四口是指楼梯口、电梯口、预留洞口、通道口,"四口"是施工现场安全防护的重点,必须有可靠的防护措施。

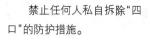

禁止任何人私自拆除"四口"的防护措施。

"五临边"

五临边是指临边作业的五种类型，一般包括：沟、坑、槽、深基坑周边，楼层周边，梯段侧边，平台或阳台边，屋面周边。

五临边是施工现场安全防护的重点，必须有可靠的防护设施。

现场防火

施工现场必须配备消防器材。

当火势较大、现场无力扑救时,应立即拨打 119 报警,讲清火险发生的地点、情况、报告人和单位等。

当现场有火险发生时,不要惊慌,应立即取出灭火器或接通水源扑救。

爆破、拆除工程

做拆除工作要掌握以下原则:自上而下逐层拆除,先拆非承重部分,后拆承重部分。这样可以最大程度保护拆除作业工人的安全。

拆除较大构件要用吊绳或起重机吊下运走,散碎材料用溜放槽溜下,严禁向下抛掷,以免砸伤他人。

在建筑物推倒及倒塌范围内有其他建筑物或行人时,应制订严格拆除安全措施,严禁推倒拆除。

爆破工程应由具有资格的特种作业人员操作,从事配合工作的辅助人员不能从事装药、引爆等工作。

爆破的危险性很大,在实施爆破区,要听从爆破指挥人员的要求,不要擅自穿越爆破警戒线。

施工现场

现场应保持整洁,及时清理,施工完一层即清理一层,施工垃圾集中堆放并及时拉走。

工地收拾得很整齐!

材料分类存放整齐,做到一头齐、一条线、一般高,砂石材料见方,周转材料、工具一头见齐,钢筋分规格存放。

建筑业中五类多发事故

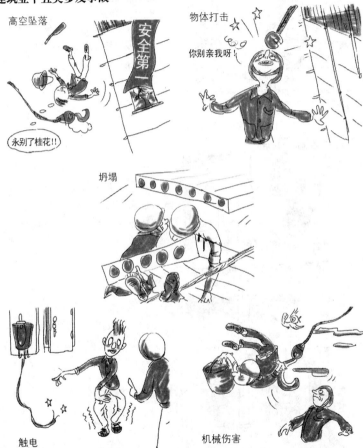

高处作业

凡在坠落高度基准 2 米以上(含 2 米)有可能坠落的高处进行的作业,称为高处作业。

凡患有高血压、心脏病、贫血病、癫痫病以及其他不适于高处作业疾病的人,不得从事高处作业。

六级以上强风、雷雨或暴雨、风雪和雾天禁止露天高处作业。

登高作业使用的工具,要放在工具箱或工具袋内,常用的工具应系带在身上。

所需材料或其他工具,必须用牢固结实的绳索传递,禁止用手来回抛掷,以免掉落伤人。

作业结束后,所用工具应清点收回、防止遗留在作业现场而掉落伤人。

在建筑安装过程中,如果上下两层同时进行工作,上下两层间必须设有专用的防护板或者其他隔离措施,才允许工人在同一垂直线的下方工作。

高处作业要穿紧口工作服,穿防滑鞋,戴安全帽,系安全带。高处作业特别要注意平台防护、临边防护、洞口防护,交叉作业和攀登作业时严格遵守安全规范。

在施工中不得向下投掷物料。

垂直运输机械

使用垂直运输设备时要注意龙门架、外用电梯、塔吊塔身严禁攀爬。

我爬上龙门吊30米!

塔吊作业中不准作业人员随吊物上下搭吊,以免发生高处坠落。龙门架、井字架运行中禁止穿越和检修。外用电梯禁止超载运行。

垂直运输的"十不准"原则

1. 被吊物重量超过机械性能允许范围不准吊;
2. 信号不清不准吊;
3. 吊物下方有人站立不准吊;
4. 吊物上站人不准吊;
5. 埋在地下的物品不准吊;
6. 斜拉斜牵物不准吊;
7. 散物捆绑不牢不准吊;
8. 零散物不装容器不准吊;
9. 吊物重量不明、吊索具不符合规定不准吊;
10. 六级以上大风、大雾天影响视力和大雨雪时不准吊。

塔吊作业前应重点检查

1. 机械结构外观情况,各传动机构应正常;
2. 各齿轮箱、液压油箱的油位应符合标准;
3. 主要部位螺栓应无松动;
4. 钢丝绳磨损情况及穿绕滑轮应符合规定;
5. 供电电缆应无破损。

塔吊作业前应重点检查。

发生塔机事故的原因

1. 无证操作；
2. 超负荷运行；
3. 指挥信号错误，造成误操作；
4. 歪拉斜吊；
5. 安全装置失灵；
6. 轨道与附着装置安装不合要求；
7. 不履行保养检修制度，故障未及时排除；
8. 对气候变化估计不足，特别是夜间无人工作时遇有大风，夹轨钳夹持不住。

洞口作业

洞口作业应采取以下防护措施：

1. 凡1.5米×1.5米以下的孔洞，预埋通长钢筋网或加固定盖板。

2. 1.5米×1.5米以上的洞口，四周必须设两道护身栏杆，洞口下张设安全平网。

3. 电梯井口设防护栏杆或固定栅门，电梯井内每隔两层并最多隔10米设安全网。

4. 施工现场的通道口上部搭设安全防护棚。

基坑开挖中造成坍塌事故的主要原因:

1. 基坑开挖放坡不够;
2. 基坑边坡顶部超载或由于震动,造成滑坡;
3. 施工方法不正确,开挖程序不对;
4. 超标高开挖;
5. 支撑设置或拆除不正确;
6. 排水措施不力。

人工挖掘土方,作业人员的横向间距应大于2米,纵向间距应大于3米。

伤害类别

建筑施工中"五大伤害":

高处坠落、触电、物体打击、机械伤害、坍塌事故。

机械加工中常发生的工伤事故:

机械致伤、切屑割伤、砂轮破碎伤人、物体打击与触电等。

发电机

确保只有受过训练的人员才可操作发电机。所受训练须包括紧急应变程序和关机程序。

确保采取适当的防火措施。发电机附近应备有合适的灭火器和消防设备。

定期检查发电机及其附属设备,并进行维修保养。这些工作须由受过训练并且符合资格的熟练工人进行。

切勿在发电机及燃油贮存处附近吸烟。

确保在发电机运作期间,通风情况良好。

确保发电机的排气管不会把废气排向工作人员或其工作的地方。

电线的敷设及连接

采取防护措施,避免电线和电缆出现磨损、被夹、被割或其他问题,使金属导体的绝缘外层受损,导致触电。

地下电缆必须标明位置,避免挖掘时受损。

接驳电力装置时,须使用适当的插头和插座。不得使用临时的接驳方法,或以胶布接合。

在使用电力工具及其他手提设备之前,须检查电线有没有损坏,如有损坏,应先行更换或修理。

电工在停电维修时,必须在闸刀处挂上"正在检修,不得合闸"的警示牌。确保接线板的电线符合规格,以避免电力装置出现过热、降压及烧毁等情况。

电气设备着火首先要设法切断电源,采用适当灭火器,如二氧化碳、干粉等灭火器灭火,而不应用水或者泡沫灭火器灭火。

工地防火

要把易燃物料存放在临时危险品仓库内,并在危险品仓库内装设火警报警器并采取防火措施。危险品仓库四周应张贴"危险品"及"不准吸烟"告示,以提高安全意识。

不要随地丢弃积存棉绒、油脂或其他易燃物料。

不可用水以及泡沫灭火器扑救由电力设备引起的火灾。在可能的情况下,救火前应切断电源。

消防通道

要熟悉消防通道和集合地点。

防烟门、卷闸及其他防火信道应保持畅通无阻。

确保灭火器及其他消防设备不受遮挡。

了解工地上灭火器的位置,以便于发生火灾时可以方便使用。

学习各种灭火器材的使用方法。

发生火灾时,只有在确保自身安全的情况下,方可使用适当的灭火器灭火。在火势较大的情况下,个人的生命安全是第一位的。

报火警

如果需要,例如自己及工友不能肯定能否把火扑灭,则应立刻拨打"119"火警电话。

拨打火警电话的注意事项:

1. 报告哪个单位、哪个位置(详细地址)发生火灾;

2. 什么东西烧了,火势大小;

3. 报上你的真实姓名以及报警所用电话号码;

4. 派人到路口迎候消防车。

个人防护装备

企业有义务为进入工地的工人提供个人防护设备,并确保工人会正确使用。

严禁工人故意或无故除去装备,以免危害自己或他人的安全。

所有配备个人防护装备的人员,必须确保装备状况良好,如有损坏,应立即向管理人员报告,以便安排更换。

安全帽

进入施工现场,必须戴好安全帽。安全帽必须有合格的帽衬、帽带。

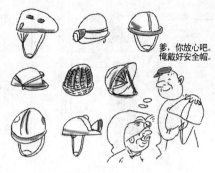

戴帽必须系好帽带。安全帽由帽衬和帽壳两部分组成,帽衬与帽壳不能紧贴,应有一定间隙,当有物料坠落到安全帽壳上时,帽衬可起到缓冲作用,避免颈椎受到伤害。

每次使用前必须检查安全帽有否出现裂痕,或有没有受到过撞击而有损坏。所有破旧、有问题或损坏了的安全帽都必须更换。

在工地内严禁摘掉安全帽、抛掷安全帽,或把安全帽用作支撑物。

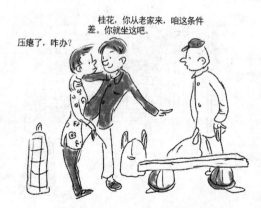

安全带

进行有可能从高空坠落的工作时，必须佩戴安全带，并把安全带牢牢地固定在合适的系定点上。

建议使用背套式安全带，因为背套式安全带可减轻坠下时腰部所承受的冲力从而减轻伤势。

我要有安全带我也敢。你看人家多勇敢！

安全带必须高挂低用，即安全带必须直接系于工作点上方的系定点，牵索必须尽量缩短。要做到先挂牢后作业。

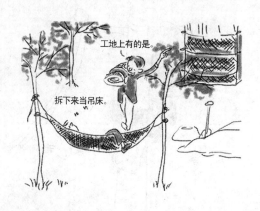

安全网

不得随意拆毁安全网。

不得随意向网上乱抛杂物或随意撕毁网片。

护眼设备

眼睛为人体比较容易受到伤害的部位,很小的微粒掉进眼里也可能导致严重的后果,所以在危险范围内严禁除下护眼装备。

进行以下工作时,须戴上合适的眼罩或面罩:

1. 机动砂轮进行研磨及切割,或者打磨砂轮;

2. 有色金属及铸铁的内外车削,但精密车削除外;

3. 焊接及切割;

4. 使用激光的任何工作;

5. 任何有可能导致微粒飞射而使眼睛受伤的工作。

护耳罩

从事高噪声的工种时，应使用耳罩。要确保护耳罩的软垫能罩住整个耳部，并能完全密封。

手部的防护

在不适合以手直接接触机械、机具、物料、液体的情况下，以及可能导致手部受伤的情况下必须配戴合适的手套。有可能触电的工作则应佩戴绝缘手套。

手套要跟手型相符合，如果手套过长的部分有可能被卷入机器，则不要佩戴。

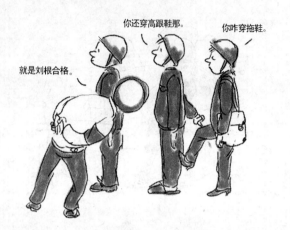

安全鞋

工作时必须必穿安全的鞋子,不可以穿拖鞋、高跟鞋进行施工,尤其是不可以进行高空作业。

电工,或进行有触电危险工作的人员,则必须根据需要穿着有绝缘鞋底的安全鞋。

第三部分

施工工地机具操作

这个家伙你要离它远一些。

起重机

起重机与任何不能移动的物体间起码要留有 60 厘米的空间,以免有人被压伤。

起重机无人控制时,须关掉发动机。

设置栏栅,使起重机远离架空电缆。栏栅的位置与架空电缆的横向距离应超过吊臂长度另加六米。危险地带应长期以桩柱、旗帜或显眼的色带标示,以作警告。

如工地内有多部起重机,各台起重机之间应有一段距离。

压土机及压路机

确保只有符合操作资格的人员才可操作可移动的机器。

必须由符合操作资格的人员监督这些机器的操作,确保在机器行驶或倒退时,附近无人。

无人操作的机器必须关掉发动机。

保护驾驶人员免受高空坠物所伤。

如机器沿挖开的洞口行驶,必须配备止动楔。

咱快跑吧,这里危险!

挖土机

确保所有挖土机均由有充分训练的合资格人员操作。所受训练须包括紧急事故处理及救生程序。

确保所有挖掘工程均由有经验及合资格的人员监督。

如挖土机倒车或操作员视线被遮挡,须委派指导员在场监察给予指示。

在挖土机开动时切勿上下人员,而操作员必须留在驾驶室内,并确保驾驶室的门紧闭。

除操作员外,挖土机不得载有其他乘客。

无人操作的挖土机,必须关掉发动机。

货车及卸泥车

确保只有曾受过训练的合资格司机才可操作上述车辆。

倒车前,须委派另一名工人或者指导员协助。如没有人协助,司机须往车后视察,确定畅通无阻,然后开启倒车警示声音,才可以开始倒车。

无人操作的车辆必须关掉发动机。

在挖开的洞口倾卸泥土或沿洞口行驶时,必须配备止动楔。

车辆不得超载。

车上所载物品必须放置稳妥。

车辆行驶时,切勿上下人员。

打桩机

定期检查及维修机器,这些工作须由专业人员进行,而所有维修保养工作的记录应存放在工地现场。

专业人员才能用打桩机。

从操作员的位置检查四周视野,以确保在打桩时不会危及自己和他人安全。

如有需要,可围封危险区,张贴警告告示或者标志,防止行人在打桩时进入施工范围内。

只有在打桩设备完全关闭,而电源已切断的情况下,方可单独检查及维修打桩设备。

确保带电的活动部分均设有坚固护罩,以免意外触及。此外,亦须确保有关装置的稳固性。

断电了,你可以拆了。

开始打桩前,要确保知道如何在紧急状态下关闭机器,并确保关闭阀性能良好。

电气焊工具

工件应该有效接地,而所有设备均应接地和绝缘。

焊接时操作人员必须佩戴面罩,不可赤手或戴上湿手套来更换焊条。

更换焊条时不要站在湿地板或有电线接的地面上,以防漏电伤人。

雨天不可进行户外的焊接工作。

采用坚硬的不透明或半透明物料遮挡工作范围,以避免眩光伤害他人眼睛。

工作地方须在空气流通好的地方进行,或者装置吹风机和抽气扇,以排走焊接时产生的毒烟和毒气。

焊接曾装过任何易燃易爆物料的密封容器时要确保容器经过认真清洗,而且没有残留易燃易爆物或者易燃烟雾,以确保安全。

物料起重机

要注意防止货物或松散的物料从起重机具上坠下。

用来运送货物或松散物料的起重机平台须予围封。

切勿利用起重机来接载乘客。

确保起重机械由合格的人员操作,而操作人员亦须依照制造商的指示以及操作程序进行安全操作。

将货物均匀放置于起重机平台上,并确保起重机不会超载。

确保通往吊重机平台的装卸平台不会超载。

切勿利用起重机来接载乘客。

大象,吊你就超重了。

木工机械

采用推木杆,以免手部接触到圆锯、刨床等的锯片。

在工作地点附近设置灭火器,并定期清除木糠,以尽量减少火灾的危险。

必须待锯片完全停顿,而电源亦已关闭后,才可以清除锯床下的木糠。

屈钢筋机

设置适当的护罩,避免操作员直接接触剪刀。屈钢筋机只可在使用时露出剪刀。

只可在建筑工地内的钢筋屈曲场内进行钢筋屈曲工序。

屈曲钢筋时,切勿站立于钢筋的内弯,以免被其摆动的尾端击中。

钢筋的直径不可超越机器制造商所规定的尺寸。

屈钢筋机必须有方便的紧急闸供操作员紧急停机。

电动工具

只有合格电工方可维修电器。

采用经质量认证的全天候插座/适配接头来延长电线。

可移动电动工具要采用备有防护套及防磨护套的软电线。

检查有问题或损坏的电线、插头、插座和损坏或磨损的工具。

如电动工具出现问题，须立即报告，并贴上警告标识，以免其他人员使用。

不要抓着电线来扯出插头。

避免站在潮湿的地上调校电力器材。

土方开挖和人工挖孔桩

土方开挖时应开槽支撑,先撑后挖,层层分挖,严禁掏(超)挖。

严禁在边坡或基坑四周超载堆积材料、设备,以及在高边坡危险地带搭建工棚。基坑沟槽开挖深度超过 2 米时,周边须设两道护身栏杆,危险处夜间要设红色警示灯。

人工挖孔桩下孔前,先向孔内送风,并检测无误,方可下孔作业。孔下有人作业时,孔上应有人监护,并与孔下作业人员保持联系。

中小型机具使用

钢筋切断机运转中,严禁用手直接清除刀口上的断头或杂物。

操作混凝土振捣器,应穿胶底鞋、戴绝缘手套,严禁用电线拉振捣器,严禁在钢筋网上拖来拖去。

冷拉机场地在两头地锚外设置警戒线,并设栏杆防护和警示。

圆盘操作人员不应站在与锯片同一直线上操作。

塔吊使用及起重吊装

塔吊吊运过程中,严禁作业人员随吊物上下。

塔吊吊臂垂直下方不准站人,回转作业区内固定作业要有双层防护。

这个三脚区是危险区。

我就在这受伤的。

在卷扬机和定滑轮穿越钢丝绳的区域,禁止人员站立和通行。

不准起吊不明重量、埋于地下和粘在地面上的物件。

刘根这样有危险。

施工电梯、井字架的使用

乘梯人等候电梯时,不得将头伸出栏杆和安全门外,不得以榔头、铁件、混凝土块等敲击电梯立杆的方式呼叫电梯。

井字架用于运送物料,严禁各类人员乘吊盘升降。

电梯、井字架必须由取得操作证的专职司机操作,其他人员不得随意操作。

井字架提升作业环境下,任何人不得攀登架体。

电梯笼乘人、载物严禁超载。

施工用电及手持电动工具的使用

现场安装、维修或者拆除临时用电工程,必须由电工完成。

作业人员要听众电工安排,出现问题请电工处理。

使用前检查工具外壳、负荷线、插头等是否完好。

手持电动工具使用移动式开关箱,内装有漏电保护器。

负荷线不得过长,不得拉扯负荷线,转移工作点得先关闭电源。

严禁不用插头直接将负荷线插入插座,不得使用"地拖"。使用地拖容易发生漏电事故,导致操作人员中电。

脚手架

架子工属于特种作业人员,应持操作证上岗,搭拆架子时普通工只能作辅助性工作。

上下架子要走专门通道,不要从上层架往下层架跳跃,避免冲击荷载,造成塌落。

架上作业,人员不要太集中,堆料要平稳,不要过多过高,以免超载。

拆架子应设警戒区和醒目标志,有专人负责警戒。拆下的杆件、脚手板、安全网应用垂直运输设备运至地面,严禁由高处向下抛掷。

第四部分

伤害急救

烧伤和烫伤

烧伤是一种意外事故。一旦被火烧伤,要迅速离开致伤现场。衣服着火,应立即倒在地上翻滚或翻入附近的水沟中或潮湿地上。这样可迅速压灭或冲灭火苗,切勿喊叫、奔跑,以免风助火威,造成呼吸道烧伤。最好的方法是用自来水冲洗或浸泡伤患处,可避免受伤面扩大。

肢体被沸水或蒸汽烫伤时,应立即剪开已被沸水湿透的衣服和鞋袜。然后将受伤的肢体浸于冷水中,可起到止痛和消肿的作用。如贴身衣服与伤口粘在一起时,切勿强行撕脱,以免使伤口加重,可用剪刀先剪开,然后慢慢将衣服脱去。

不管是烧伤或烫伤,创面严禁用红汞、碘酒和其他未经医生同意的药物涂抹,而应用消毒纱布覆盖在伤口上,并迅速将伤员送往医院救治。

电击伤

电击伤事故大多发生于安全用电知识不足及违反操作程序,如违章布线、自行检修带电电路或电线等;电源电线年久失修、电器漏电或外壳接地不良等原因;在高温潮湿场所或雨季,衣裤受潮使皮肤电阻减低,更易导致触电。在建筑工地或者装饰装修现场,常常会因工人违章操作而导致被电击。

发生触电时,最重要的抢救措施是迅速切断电源,此前不能触摸受伤者,否则会造成更多的人触电。如果一时不能切断电源,救助者应穿上胶鞋或站在干的木板凳子上,双手戴上厚的塑胶手套,用干的木棍、扁担、竹竿等不导电的物体,挑开受伤者身上的电线,尽快将受伤者与电源隔离。

对触电者的急救应分秒必争,若发现心跳呼吸已停,应立即进行口对口人工呼吸和胸外心脏按摩等复苏措施。除少数确实已证明被电死者外,抢救需维持到使触电者恢复呼吸心跳,或确诊已无生还希望时为止。发生呼吸心跳停止的病人,病情都很危重,应一面进行抢救,一面紧急把病人送就近医院治疗。在转送医院的途中,抢救工作不能中断。

处理电击伤伤口时应先用碘酒纱布覆盖包扎,然后按烧伤处理。电击伤的特点是伤口小、深度大,因此要防止继发性大出血。

建筑物大火

火灾发生时有烟出现,如火仍小,则尽力扑灭。用毛毯或厚窗帘盖住火苗,隔绝其氧气供应,或者用沙土、水或灭火器。

如果是用电造成的火灾,则不能用水,也不能使用泡沫灭火器,而应使用干粉灭火器。灭火时应先切断电源,最好是切断总开关,煤气管也要关掉,同样是关闭总管道最好。

灭火器的使用:拉或打开开关。目标要对准火苗。抓住或按住扳机。扫射要从一边到另一边。首先要查看灭火器型号,有些灭火器只能用来扑灭微弱的火势,而另外一些可则可用来扑灭油料、甘油、油漆或溶剂等引起的火灾(例如:汽油的溢出引起的火灾)。还有一类灭火器适于扑灭电路起火。多功能干粉式灭火器可用于多种火灾。

119

高空坠落急救

高空坠落是建筑工地上常见的一种伤害,多见于建筑施工和电梯安装等高空作业。如不慎出现此种伤害,则应注意以下几点:

1. 去除伤员身上的用具和口袋中的硬物。

2. 在搬运和转送过程中,颈部和躯干不能前屈或扭转,而应使脊柱伸直,绝对禁止一个抬肩一个抬腿的搬法,以免发生或加重截瘫。

3. 创伤局部妥善包扎,但对疑似颅底骨折和脑脊液漏患者切忌作填塞,以免导致颅内感染。

4. 复合伤要求平仰卧位,保持呼吸道畅通,解开衣领扣。

5. 快速平稳地送医院救治。

120刘根煤气中毒!

急性一氧化碳中毒

急性一氧化碳中毒亦称煤气中毒,指人吸入过量的一氧化碳,并与血红蛋白结合成碳氧血红蛋白,从而使血红蛋白失去携氧能力,造成组织缺氧,甚至死亡。如发生煤气中毒,应迅速转移病人脱离中毒环境,促使碳氧血红蛋白迅速分解,纠正缺氧,防治并发症。同时立即打开门窗通风,迅速将患者转移至空气新鲜流通处,并注意保暖。确保呼吸道通畅,神志不清者应将头部偏向一侧,以防呕吐物吸入呼吸道引起窒息。有条件的话给病人吸氧,对于昏迷者或抽搐者,可头置冰袋,切忌采用冷冻、灌醋或灌酸菜汤等错误做法。轻度中毒,数小时后即可恢复,中、重度中毒应尽快向急救中心呼救。并能迅速送往有高压氧治疗条件的医院,途中严密监控患者的神志、呼吸、心率、血压等方面的病情变化。

戳伤急救

戳伤是指用小刀或剪刀、钢针、钢钎等尖锐物品刺戳所造成的意外伤害。表面上看上去伤口不大,但皮内组织,甚至内脏可能损伤严重。伤后的紧急救治步骤是:

1. 用清洁纱布或其他布料(干净手绢也可以)按在伤口四周以止血。如果利器仍插在伤口内,切勿拔出来。

2. 使受伤部位抬高,要高过心脏。如果怀疑有骨折可能时,切勿抬高受伤部位。

3. 如果刺入伤口的物体较小,可用环形垫或用其他纱布垫在伤口周围。

4. 用干净的纱布覆盖伤口,再用绷带加压包扎,但不要压及伤口。

5. 如果戳伤比较严重,则应及时送医院救治。

昏厥急救法

昏厥也称晕厥,俗称昏倒。昏厥是因脑缺血、缺氧引起的短时间意识丧失现象。建筑行业由于属于重体力劳动行业,一些体质较弱的工人容易发生昏厥现象。

如果周围有工友发生昏厥,不要惊慌,应先让病人躺下,取头低脚高姿势的卧位,迅速解开病人的衣领和腰带,并注意保暖和安静。请有经验的工友或在场人员针刺病人人中、内关穴,同时喂服热茶或糖水。一般经过以上处理,病人很快恢复知觉。若是由大出血、心脏病引起的昏厥,则应立即送医院急救。

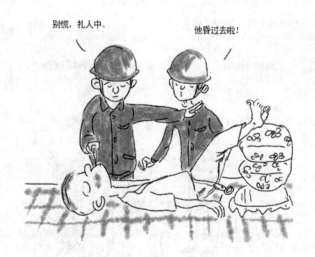

及早救治,早期可考虑洗胃,以减少毒素的吸收,剧烈呕吐、腹痛、腹泻不止者可用硫酸阿托品注射,有脱水征兆者及时补充体液,可饮用加入少许食盐、糖的饮品,或静脉输液。肉毒杆菌食物中毒者应速送医院急救,给予抗肉毒素血清等。食物中毒早期应禁食,但不宜过长。

食物中毒

多发生在夏秋季,多因细菌污染食物而引起的一种以急性胃肠炎为主症的疾病。食物中毒以呕吐和腹泻为主要表现,常在食后1小时到1天内出现恶心、剧烈呕吐、腹痛、腹泻等症,继而可出现脱水和血压下降而致休克。肉毒杆菌污染所致食物中毒病情最为严重,可出现吞咽困难、失语、复视等症。食物中毒要

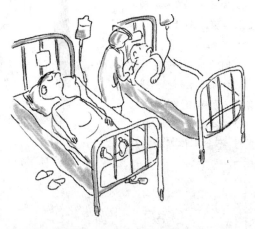

被困电梯

如果突然被困在了电梯当中,千万不要慌张,可用电梯内的电话或对讲机向有关方面求救,还可按下标盘上的警铃报警。

困在电梯里的人无法确认电梯的所在位置,因此不要强行扒门,这样会带来新的险情。

电梯顶部均设有安全窗,该安全窗仅供电梯维修人员使用,扒撬电梯轿厢上的安全窗,从这里爬出电梯会更加危险。

拍门叫喊,或脱下鞋子,用鞋拍门,发信号求救。如无人回应,需镇静等待,观察动静,保持体力,等待营救,不要不停呼喊消耗体力。

沥青中毒

沥青一般分为天然沥青、石油沥青、页岩沥青和煤焦油沥青四种。以煤焦油沥青毒性最大,因直接接触受到阳光照射的沥青易产生过敏,接触了它的尘粉或烟雾易造成中毒。局部皮损主要表现为皮炎、毛囊口角化、黑头粉刺及痤疮样损害、色素沉着、赘生物等,也可出现咳嗽、胸闷、恶心等全身症状,还可见流泪、畏光、异物感及鼻咽部灼热干燥、咽炎等症状。对沥青中毒者应撤离沥青现场,避免阳光照射,对出现皮炎者可内服抗组织胺药物或静脉注射葡萄糖酸、钙维生素C及硫代硫酸钠等,局部视皮损程度对症处理,如皮炎平外搽。对毛囊性损害可外搽5%硫磺炉甘石水粉剂或乳剂。有色素沉着者可外搽3%氢醌霜或5%白降汞软膏。对赘生物可不处理或手术切除。对全身及眼、鼻、咽部症状可对症适当处理。

塌方伤

塌方伤是指包括塌方、工矿意外事故或房屋倒塌后伤员被掩埋或被落下的物件压迫之后的外伤,除易发生多发伤和骨折外,尤其要注意挤压综合症问题,即一些部位长期受压,组织血供受损,缺血缺氧,易引起坏死。一旦伤员从塌方中救出,压迫解除,血流恢复,上述的肌红蛋白大量经血循环流至肾脏,由于长期缺血缺氧,有酸中毒存在,肌红蛋白在酸性尿中大量沉积在肾小管,引起急性肾功能衰竭,这一全过程是挤压综合症的致死原因,故在抢救多发伤的同时,要防止急性肾功能衰竭的发生,如给碳酸氢钠、速尿和甘露醇以碱化尿液和利尿,不使肌红蛋白沉积而迅速随尿液排出体外。

急救方法:

从塌方中救出,必须急送医院抢救,方可及时采取防治肾功能衰竭的措施。

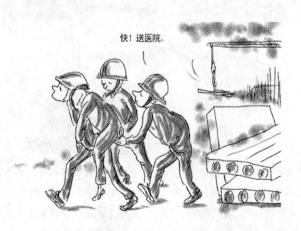

快!送医院。

电焊光伤眼急救

长时间不戴防护眼镜看电焊弧光,眼睛会被电弧光中强烈的紫外线所刺激,从而发生电光性眼炎,即平常所说的电弧光"打"了眼睛。

电光性眼炎的主要症状是眼睛磨痛、流泪、怕光。从眼睛被电弧光照射到出现症状,大约要经过2~10个小时。电光性眼炎如果继发感染,而造成角膜溃疡,好后也会有角膜薄翳而影响视力。从事电焊工作的工人,禁止不戴防护眼镜进行电焊操作,以免引起不必要的事故。

万一发生电光性眼炎,可到医院

刘根你这样会打了眼睛。

就医,用4%奴夫卡因药水点眼,症状会很快缓解。但是,电光性眼炎的发病多数在夜间、在家里出现,掌握必要的急救措施,可减轻痛苦。

急救措施:

1. 用煮过而又冷却的人奶或鲜牛奶点眼,可以止痛。

2. 开始几分钟点一次。随着症状的减轻,点眼的时间可适当地延长。

3. 还可用毛巾浸冷水敷眼,闭目休息。

注意事项:

经过应急处理后,除了休息外,还要注意减少光的刺激,并尽量减少眼球转动和摩擦。

用牛奶治。

掐"人中穴"急救

人中穴位于人体鼻唇沟的中点,是一个重要的急救穴位。平掐或针刺该穴位,可用于救治中风、中暑、中毒、过敏以及手术麻醉过程中出现的昏迷、呼吸停止、血压下降、休克等。然而,人中穴对呼吸的影响并非都是有利的。如连续刺激引起吸气兴奋或抑制,均可以导致呼吸活动暂停,因此,在实际应用中要注意刺激手法的应用。经研究表明,适当地节律性刺激最为合适。在实际操作中用拇指尖掐或针刺人中穴,以每分钟揿压或捻针20～40次,每次连续0.5～1秒为佳。

在建筑工地上发生中暑、中毒、中风、昏迷、休克时可采用掐人中的方法急救。

人工呼吸法

一个人呼吸停止后 2～4 分钟内便会死亡,在这种情况下,如果对病人实行口对口的人工呼吸,将有起死回生的可能。

有起死回生的可能。

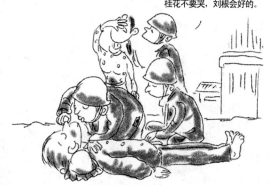

桂花不要哭,刘根会好的。

操作要领:

1. 病人仰卧,面部向上,颈后部(不是头后部)垫一软枕,使其头尽量后仰。

2. 挽救者位于病人头旁,一手捏紧病人鼻子,以防止空气从鼻孔漏掉。同时用口对着病人的口吹气,在病人胸壁扩张后,即停止吹气,让病人胸壁自行回缩,呼出空气。如此反复进行,每分钟约12次。

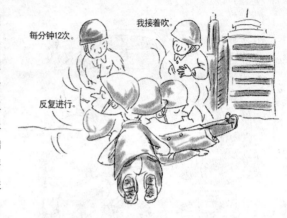

3. 吹气要快而有力。此时要密切注意病人的胸部,如胸部有活动后,立即停止吹气。并将病人的头偏向一侧,让其呼出空气。

注意事项：

1. 成人每次吹气量应大于800毫升(ml)，但不要超过1200毫升(ml)。低于800毫升(ml)，通气可能不足；高于2000毫升(ml)，常使咽部压力超过食管内压，使胃胀气而导致呕吐，引起误吸。

2. 每次吹气后抢救者都要迅速掉头朝向病人胸部，以求吸入新鲜空气。

3. 进行4～5次人工呼吸后，应摸摸颈动脉、腋动脉或腹股沟动脉。如果没有脉搏，必须同时进行心脏按摩。

心脏按摩法

心脏按摩是从体外压迫停止跳动的心脏,使之恢复跳动的一种急救方法。

每分钟60~80次的速度按压。

操作时,让患者仰卧在硬板上或地上。抢救者站在或跪在病人侧面,两手相迭,将手掌根部放在病人的胸骨下方、剑突之上,借自己身体的重量,以手掌根部用力向下作适度压陷,然后放松压力,让胸廓自行弹起。

120!

如此有规律地以每分钟 60～80 次的速度按压,向下按压和松开的时间必须相等。按压的间歇不再使胸部受压,便于心脏充盈。但手掌根不要抬起离开胸壁,以免改变按压的正确位置。

我拿板子垫上,钢丝床太软。

操作时应注意:1. 抢救者的双臂应绷直,双肩应在患者胸骨的正上方,上半身可向前倾斜,利用上半身的体重加强按摩的力量。2. 如患者在钢丝床上,应在其背后垫一块硬板,其长度和宽度应够大。不然会使压迫心脏的力量减弱而减小了按摩的作用。

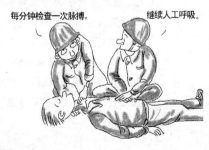

心肺复苏法

只有伤者在呼吸停顿或者心跳停顿的情况下才可以使用心肺复苏法紧急施救。

把伤者仰卧平放,确保在移动伤者时,其身体各部位如头、颈、肩膊及背部一并移动。把伤者的头部及下颌仰起,令气道畅通(将伤者的面部仰起及额头向后倾,然后用另一只手把下颌托向前)。若仍然无效,可以把两至三只手指放于伤者颚骨的两边,把颚骨向上提,然后清除所能见到的异物。

有些时候,只需疏通气道,伤者即可恢复呼吸。若伤者没法恢复自然呼吸,应立刻为其进行人工呼吸。若已为伤者施行了两次人工呼吸,亦看到伤者的胸腹有起伏,可为其检查脉搏。若伤者仍有脉搏跳动,但已没有呼吸,要继续为伤者施行人工呼吸,每五秒一次或每分钟12次。每分钟检查一次伤者之脉搏(即每12次人工呼吸之后),直至伤者恢复自然呼吸或救护人员到场为止。

拨打"120"急救电话

怎样拨打"120"急救电话。

这里是东大街10号花园小区建筑工地。

他是从脚手架摔下来的。
我是他媳妇,桂花。

时间就是生命。如果现场发生突发事件而有人受伤,工友在对受伤者进行简单抢救的同时,要同时拨打"120"急救电话。拨打电话的最佳人选为患者亲属或现场知情者;通话一般采用急救中心询问、求救者回答的方式。打电话者应当清楚地说出出事地点、事故原因、患者情况等等以便对方选派医生和携带急救设备、药品等;各类急救车型的功能与收费标准不一,可供打电话者自选;接车地点是确保急救车尽快到达患者身边的必要措施,应该是打电话者通报信息的重点。如遇灾害事件,报警人要回答灾害性质、涉及范围、伤亡人数、目前救援状况等。

第五部分

城市生活

城市生活

城市生活,对于每一个从农村到城市务工的农民工来说都是比较陌生的。即使有的农民工已经到城市多年,由于他们更多的时间都是在工地上渡过的,所以对于城市生活往往还不了解。而不同的文化,会使农民工与城市居民之间拉开距离。农民工是城市的建设者,而他们也往往希望能在建设这个城市的同时,也能够融入到城市生活当中去。这就需要他们一方面要了解城市生活的方方面面,更要从一点一滴做起,遵守文明礼仪、公民道德。

身份证是公民的身份证明,在城市里生活有很多场合会用到身份证。出门打工一定要带好身份证。

身份证只证明本人身份,不能转借给他人,否则要自己承担由此所引起的一切后果。

外出务工时,应该很好地保管和保存好自己的身份证,防止丢失。

除公安机关依法对嫌疑人采取强制措施可以扣留居民身份证外,其他任何单位和个人都不得扣留居民身份证。

为满足特定的需要,可以将身份证复印一份交给用人单位保存审查,但不能让他们扣押身份证原件。

在城市务工,如果遇到公安人员检查身份证时,首先要看清楚他们的工作证件。按照法律规定,公安人员依法执行公务需要查验公民的居民身份证时,是应当首先出示自己的工作证件的。

出门在外,一定要注意安全,尤其是保护好自己的证件,避免不慎遗失或被盗。

居民身份证是居民最经常使用的证件,到城市打工的人就更离不开它,到银行开户存钱、办理《暂住证》,领取邮寄包裹和汇款都需要居民身份证。如果居民身份证丢了,应该立即报失并补办。

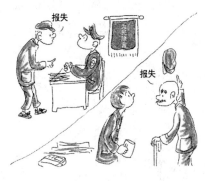

(1) 立即到工作单位所在地的派出所报失，然后通知家人，请家人代为到自己户口所在地派出所报失。

(2) 报失后，请家人代为申请补办一个新的居民身份证。办理新的身份证，需要带上本人身份证用照片、户口簿和村委会开的证明。补办证件的地点也是户口所在地派出所。

(3) 由于新的身份证办理时间较长，一般是 3 个月，所以需要先在户口所在地派出所办理一个临时身份证，再邮寄回来，碰到检查等时可以拿出来作为证明。

(4)拿到新的身份证后,应该退回临时身份证。

丢失了居民身份证之后,不要借用他人的居民身份证和购买伪造的身份证。

办理暂住证

目前我国有大部分城市要求外来打工人员办理暂住证。

统一为务工人员解决住所的应当由雇工的企业统一为务工人员办理暂住证;外来人员个别地进城务工,在物业管理、环境卫生管理等企业打工,又住宿在企业提供的住所中,一般也由雇工的企业代为办理暂住证。外来打工人员也可以自己办理暂住证。

暂住证的办理需持本人身份证或者原籍乡以上人民政府或者公安机关出具的身份证明,到暂住地派出所申报暂住登记。由暂住地派出所为其填写《暂住人口登记表》。《暂住证》有效期均为一年,逾期作废。有效期满仍需暂住的外来人员,须在有效期满前 10 日内到暂住地派出所重新申领《暂住证》。

建筑公司集体去办暂住证。

我自己办的暂住证。
因为你还没有用工单位。

满一年了,还得重办。
原来的作废啦?

邮局

邮局是进城农民工常去的地方,无论是邮寄东西,还是汇款,都要通过邮局。到邮局时,如果是汇款或者寄东西,要先到服务台索要需要的单据;如果是取汇款或者包裹,则直接到各个窗口办理。

1. 填写单据时,要写清楚收件人或者收款人的详细地址和邮政编码,并要留下自己详细的联系方式,以免寄不到时可以退给自己。

2. 邮寄包裹时,要用邮局认可的形式包装,并要经过邮局的检查,不要夹带不符合要求的物品,比如易燃易爆品、易腐坏的食品等。

刘老根,你儿子寄钱来啦。

3. 邮寄包裹时要注意保价金额，要知道邮寄费用和保价额有关，保价额越高邮寄费用越高。

4. 取汇款或者包裹时要带自己的身份证，而且要保证单据上的名字和身份证上的名字完全一致，否则需要开单位介绍信。

银行

不要在身上或者住处留太多现金,而要及时存到银行。到银行存取钱时,要注意以下几点:

1. 进门时要排号,有的地方设有排号机,按号等候。

2. 等候前面顾客办理业务时,不要越过黄色等候线。

3. 存取大额现金时,注意安全。

4. 在自动取款机上取款时,输入密码要注意防护。

就餐

出门就餐时,要注意饮食卫生,同时要注意自己的行为举止。

1. 不要在餐馆猜拳行令,不要大声喧哗。

2. 要选择卫生条件相对较好的餐馆。

3. 吃饭时注意餐桌礼仪,避免脱鞋、踩凳子等不文明举止。

4. 饮酒要适量,不要酗酒、在公共场合醉酒。

购物

如果需要必要的生活用品,除了在附近的小商店购买外,还可以到大型超市、商场、批发市场等处购物。批发市场的商品齐全,且价格便宜,是很多外出务工人员购物的好去处。购物时,要注意以下几点:

1. 在人多的地方注意安全,看好自己的行李和贵重物品,以免被偷。

把包看好,别被偷了。

2. 上下扶梯时要靠右站立,以方便有急事的人从左边快速通过。

3. 在超市购物时不要品尝食品,封好的物品不要开封。

看病

去医院看病,挂号、交费、取药要自觉排队。

看病时未叫到自己,要在候诊室等候,不要在候诊室内来回走动,大声讲话。

不要随便进出诊室,特别是当医生正在给病人看病时,不要围着医生,妨碍病人就诊,影响医生对病情的诊断。

病人家属夜间不要躺在走廊的椅子上休息,如果医院没有可供病人家属休息的地方,病人家属最好能够通过医院寻找合适的休息场所。

游览

初到城市的时候,一些农民工会选择在放假的时候去周围的景点游览。到景点游览,因为是公共场所,游客流量很大,不熟悉地形的农民工朋友最好结伴一起游览,并防止失散。出行前,换上干净整洁的衣服。在游览过程当中,要严格遵守游览区域内的各种要求,注意各种禁止标识。同时,在游览过程当中不要大声喧哗,影响其他游客游览。

1. 不要在游览区域内的文物、墙体等地方乱写乱画。

2. 不要在游览区域内抽烟。

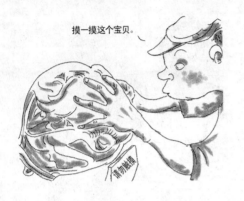

3. 不要随便触摸游览区内的文物等禁止触摸的物体。

4. 有的文物或游览对象禁止用闪光灯拍照，一定要严格遵守。

出行

到城市之后,你可能会在工作之余出门办事、走访朋友老乡,或者去观光游览。出行时,一定要注意出行安全,遵守城市交通法规,以保护自己和他人的安全。出行时,要注意以下几点:

1. 不管你乘坐什么样的交通工具,都不要携带易燃易爆危险品上车。

2. 在交通工具上,要遵守公共秩序,不要拥挤,不跷二郎腿,不把行李放在座位上。

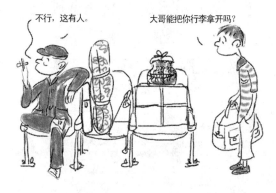

3. 维护车内卫生，不乱扔东西。

4. 过马路时，不要翻越马路护栏，而要走人行横道、过街天桥或者地下通道。

步行

步行时要注意安全,走马路两边的人行道,不要走到自行车道或者机动车道上。还应注意不要发生以下行为:

1. 不走人行横道,在大路中间晃晃悠悠。

2. 抄近路践踏草坪或冒险翻越隔离带。

3. 过马路不看信号灯,只看有没有车。

4. 在道路上嬉戏打闹,并排结队行走。

5. 过马路不走过街天桥或地下通道。

6. 为图方便而在城市快速路、高架路上行走。

7. 在车流中穿行。

8. 不服从交警和协管员的指挥。

乘公交车

公交车是城市最方便的交通工具，出门时会使用最多。乘坐公交车前要搞清楚乘车方向和到达车站，不要坐反了方向。另外乘坐公交车要注意以下几点：

1. 不要拥挤，要按秩序乘车。

2. 把座位让给老人、孕妇、体弱多病者、残疾人和抱小孩儿的乘客。

3. 不要在公交车内吸烟。

4. 携带大的行李时要主动买行李票。

地铁

现在很多城市都有地铁,地铁由于不受堵车影响,所以是城市里比较快的交通工具。乘坐地铁时要注意以下几点:

1. 买票进入车站后,只要不出站,都可以不再买票换乘列车。

转车不要出站。

2. 等候列车时,站在黄色安全线之内,以免发生危险。

3. 上车时不要拥挤,上车后不要紧靠车门,以防挤伤。

4. 出站时要注意看站内的路面交通示意图,以防出错站口。

骑车

自行车是城市里最为便捷的交通工具,去不远的地方办事,骑车是省时省钱的好办法。在城市里骑车,要注意以下几点:

1. 在自行车道上骑车,不要骑上机动车道,以免发生危险。

2. 要遵守城市交通规则,不要带人、逆行、闯红灯等。

3. 几人骑车同行,不要并排骑行,以免影响他人,或者发生危险。

4. 安全骑行,不要撒把骑车,拐弯时要打手势,不要在马路上追逐。

第六部分

文明礼仪

个人文明礼仪

1. 不说脏话、粗话,使用文明用语。

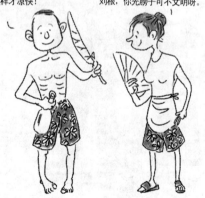

2. 仪容整洁,讲究卫生,不打赤膊。

3. 不随地吐痰,不乱扔废弃物。

4. 注意公共卫生,讲公民道德,不随地大小便。

不违法乱纪

1. 不购买、观看黄色光碟,不购买、传阅淫秽书刊。

2. 不参与任何形式的赌博,不搞封建迷信,有病去医院就诊。

3. 不讲哥们儿义气,不拉帮结派;不打架斗殴,不聚众闹事。

4. 遵纪守法,做守法的好公民,不拿不属于自己的东西。

乘车文明

不携带危险品和有碍乘客安全的物品、动物乘车。

你们可不能带着猫狗上车。

不赤膊乘车,雨天乘车脱掉雨衣。有条件的话把有水的雨衣或雨伞放在塑料袋内,以免影响他人。

游客文明

顺序购票入馆入园,不拥挤,不堵塞道路和出入口。

咱不去挤。

咱去排队。

爱护文物,爱护公共设施,不在树木、名胜古迹和公共设施上涂抹、刻画,不在路椅上躺卧。爱护一草一木,不践踏草坪,不攀折花果。不在防火区域动用明火。

处处留下咱的痕迹。

刘根咱游一个地方就刻一个地方。

公共场所文明

公共场所内要保持安静,不大声喧哗、嬉戏,不影响他人。文明行事,礼貌待人。

城市中有很多地方禁止抽烟。要注意禁烟标志,不在无烟区抽烟,不在有易燃易爆物品的区域内抽烟。

公共座椅是公共设施,是为游客和行人提供休息的设施。在公共座椅上休息,要注意仪表,不在公共座椅上躺卧,不影响他人使用。

不随地丢弃垃圾,吃过的口香糖用纸包好后放入垃圾筒。

吸烟

不在公共场所内吸烟。

电梯内空间狭小,通风不畅,而且是人流量大的公共场所。乘电梯时要注意,不在电梯内吸烟。

有空调的房间封闭性好,不利于空气流通,因此不要在有空调的房间内吸烟。

有易燃易爆物品的场所容易发生火灾和爆炸,因此不要在有易燃易爆物周围吸烟,以免引起火灾或留下火灾隐患。

用餐礼仪

用餐要注意卫生,饭前便后要洗手。

饭前便后要洗手。 刘根,连咱小宝都讲文明了。

不在用餐场所大声喧哗戏闹。

吃饭时细嚼慢咽,不发出很大的声响。

即使天气很热,也不要光膀赤膊用餐。

如厕文明礼仪

不在厕所内乱写乱画。

便后不要忘记冲水。

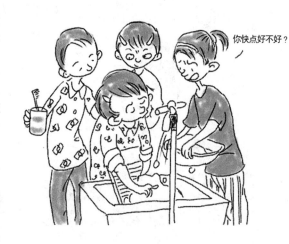

不要长时间占用洗手池。

爱护公共设施

不在公共设施,比如墙体、站牌、雕塑、文物上乱写乱画。

爱护一花一草,不践踏草坪,不攀折花木。

不破坏公共设施,并勇于制止破坏公共设施的行为。

不要破坏公共设施。